BEI GRIN MACHT SICH IHR WISSEN BEZAHLT

- Wir veröffentlichen Ihre Hausarbeit,
  Bachelor- und Masterarbeit

- Ihr eigenes eBook und Buch -
  weltweit in allen wichtigen Shops

- Verdienen Sie an jedem Verkauf

Jetzt bei www.GRIN.com hochladen
und kostenlos publizieren

Stephan Drescher

Schulexperimente zum Thema Regenwurm

GRIN Verlag

Bibliografische Information der Deutschen Nationalbibliothek:

Die Deutsche Bibliothek verzeichnet diese Publikation in der Deutschen National-bibliografie; detaillierte bibliografische Daten sind im Internet über http://dnb.d-nb.de/ abrufbar.

Dieses Werk sowie alle darin enthaltenen einzelnen Beiträge und Abbildungen sind urheberrechtlich geschützt. Jede Verwertung, die nicht ausdrücklich vom Urheberrechtsschutz zugelassen ist, bedarf der vorherigen Zustimmung des Verlages. Das gilt insbesondere für Vervielfältigungen, Bearbeitungen, Übersetzungen, Mikroverfilmungen, Auswertungen durch Datenbanken und für die Einspeicherung und Verarbeitung in elektronische Systeme. Alle Rechte, auch die des auszugsweisen Nachdrucks, der fotomechanischen Wiedergabe (einschließlich Mikrokopie) sowie der Auswertung durch Datenbanken oder ähnliche Einrichtungen, vorbehalten.

Impressum:

Copyright © 2008 GRIN Verlag GmbH
Druck und Bindung: Books on Demand GmbH, Norderstedt Germany
ISBN: 978-3-656-83566-0

Dieses Buch bei GRIN:

http://www.grin.com/de/e-book/284122/schulexperimente-zum-thema-regenwurm

GRIN - Your knowledge has value

Der GRIN Verlag publiziert seit 1998 wissenschaftliche Arbeiten von Studenten, Hochschullehrern und anderen Akademikern als eBook und gedrucktes Buch. Die Verlagswebsite www.grin.com ist die ideale Plattform zur Veröffentlichung von Hausarbeiten, Abschlussarbeiten, wissenschaftlichen Aufsätzen, Dissertationen und Fachbüchern.

Besuchen Sie uns im Internet:

http://www.grin.com/

http://www.facebook.com/grincom

http://www.twitter.com/grin_com

Regenwurm – Schulexperimente

Seminararbeit

im Fach Biologie
an der
Pädagogischen Hochschule
Karlsruhe

Karlsruhe, Februar 2008

Inhaltsverzeichnis:

Vorwort:

Die folgenden Kapitel sollen einen Einblick in das weniger bekannte Leben des Regenwurms und in seinen zunehmend gefährdeten Lebensraum mit Schulbezug geben.

Der Regenwurm zählt zu den geeigneten Untersuchungsobjekten im Unterricht. Hierbei kann der Bauplan der Anneliden, die gleichmäßige Gliederung des Körpers oder die Leistung des Regenwurms, wie zum Beispiel das Recycling, im Vordergrund stehen.
Seine Rolle als Labortier ist auch im Zeitalter der Molekularbiologie nicht zu unterschätzen.

Um die nachfolgenden Versuche, die in der Schule Anwendung finden, besser verstehen und praktisch umsetzen zu können, wird der Teil, der sich mit morphologisch- anatomischen und physiologischen Grundlagen des Regenwurms beschäftigt, vorangestellt präsentiert.
Im zweiten Teil geht es um den Regenwurm innerhalb der Schule. Hier werden verschiedene Lang- zeit- und Kurzzeitversuche aufgeführt, die in der Schule eingesetzt werden können.

Abbildungsverzeichnis:

1. Systematische Einordnung:

Abb.1:Regenwurm (Quelle & Meyer 1978)

„Am Fuß von einem Aussichtsturm

saß ganz erstarrt ein langer Wurm.

Doch plötzlich kommt die Sonn herfür,

erwärmt den Turm und auch das Tier.

Da fängt der Wurm sich an zu regen,

und Regenwurm heißt er deswegen."

Heinz Erhardt (vgl. Peters/Walldorf 1986, S. 9)

1.1 Wie der Regenwurm zu seinem Namen kam:

Der Name Regenwurm entstand vermutlich im 17. Jahrhundert aus der im Volksmund verwendeten Bezeichnung „reger Wurm". Diese Theorie bezieht sich auf die Fortbewegungsaktivität des Regenwurms.

Mit der Zeit dürfte aus dieser Bezeichnung das Wort Regenwurm entstanden sein, da Regenwürmer dazu geneigt sind, bei Regen ihre Wurmröhren im Boden zu verlassen, um vor dem Erstickungstod zu flüchten.

Aufgrund der Tatsache, dass Regenwürmer über die Haut atmen und dabei den gelösten Sauerstoff aus dem Feuchtigkeitsfilm an ihrer Körperoberfläche aufnehmen, erscheint diese Theorie wenig einleuchtend. Zudem sind Regenwürmer in der Lage, längere Zeit ohne Sauerstoff und sogar wochenlang im Wasser zu überleben.

Eine weitere Erklärung ist, dass bei Regen die Regenwürmer das Prasseln der Regentropfen über ihre Borsten als kleine Erschütterungen wahrnehmen können und daraufhin an die Erdoberfläche kriechen. Vermutlich genießen sie ein feuchtes Klima bei ihren Ausflügen.

Diese Ausführung erscheint am wahrscheinlichsten, da ihre Lebensweise und die Tatsache, dass ihre Borstenanlagen auf Reize empfindlich reagieren, berücksichtigt werden.

Dagegen wird er in England als earthworm und in Frankreich als ver de terre bezeichnet, da dort der Aufenthaltsort der Tiere, der Boden, ausschlaggebend für die Bezeichnung ist (vgl. Peters/Walldorf 1986, S. 9).

Insgesamt erscheinen alle Theorien bei der Namensgebung mitgewirkt zu haben. Sie verdeutlichen seine Lebensweise und sein Bestreben nach Feuchtigkeit, Dunkelheit und einem gemäßigten Klima.

1.2 Stellung der Regenwürmer im Tierreich:

Die in Deutschland vorkommenden Regenwürmer und der darunter hauptsächlich bekannte und häufigste Vertreter der Tauwurm (Lumbricus terrestris), gehören alle der Familie der „echten Regenwürmer" (Lumbriciden) an und gelten als typische Vertreter der Ringelwürmer oder Anneliden. Anneliden werden in die drei Ordnungen der Wenigborster (Oligochaeten ca. 3.500 Arten), Vielborster (Polychaeten ca. 13.000 Arten) und Egel (Hirudinae ca. 300 Arten) unterteilt (vgl. http://de.encarta.msn.com/encyclopedia_761560164/Ringelw%C3%BCrmer.html, 12.01.2008).

Als eindeutiges Merkmal der Ringelwürmer gilt die segmentale Gliederung. Wegen des Vorhandenseins eines Gürtels (Clitellum) am oberen Teil des Wurms, welcher zu Beginn der Geschlechtsreife auftritt, ist der Regenwurm der Klasse der Gürtelwürmer (Clitellaten) zuzuordnen. Die Zugehörigkeit zur umfangreichen Ordnung der Wenigborster (Oligochaeten) leitet sich von den kurzen Borsten ab, die meist in vier Paaren pro Segment vorkommen. Wenigborster sind hauptsächlich Land und Süßwasserbewohner und stets zweigeschlechtliche Zwitter. Vielborster (Polychaeten) besitzen eine weit höhere Anzahl an Borsten, sind getrenntgeschlechtlich und kommen hauptsächlich im Meer vor. Blutegel (Hirudineen) besitzen wiederum keine Borsten und deren Leibeshöhle, welche bei den Oligochaeten sehr ausgeprägt ist, ist durch Verwucherungen bis auf geringe Reste verdrängt worden (vgl. Füller 1954).

Es gibt ca. 17000 Arten (Anneliden) (vgl. http://www.wissenschaft-online.de/abo/lexikon/neuro/662, 12.01.2008) wobei die größte Art bis zu drei Meter groß werden kann (Regenwurmart in Australien; Eunice gigantea) und die kleinste Art, die im Grundwasser lebt, nur ca. einen halben Millimeter misst.

Überblick:

Systematische Untergliederung	Merkmale
Stamm: Ringelwürmer (Annelida)	gleichmäßig segmentiert; kein Innenskelett; keine Gliedmaßen
Klasse: Gürtelwürmer (Clitellata)	Einige Segmente im vorderen Drittel gürtelförmig verdickt; kokonbildend
Ordnung: Wenigborster (Oligochaeta)	Keine Kiemen; keine Saugnäpfe; meist Landbewohner; nur wenig Borsten; Zwitter
Familie: Regenwürmer (Lumbricidae)	Körperdurchmesser > 2mm; Kopflappen (Lobus)

Abb.1.2: Systematische Untergliederung (http://hypersoil.uni-muenster.de/1/02/04.htm, 12.01.2008)

6

1.3 Beispiele einheimischer Regenwürmer:

In Deutschland sind bisher 39 Arten bekannt, die alle zur Familie der Regenwürmer (Lumbricidae gehören. Sie werden den folgenden sechs Gattungen zugeordnet; Lumbricus (8 Arten), Allolobophora (14 Arten), Eisenia (4 Arten), Eiseniellea (1 Art), Dendrobaena (9 Arten), Octolasium (3 Arten).

Viele der deutschen Namen umschreiben hauptsächlich Lebens-/ bzw. Ernährungsweise, wie beispielsweise: Großer Ackerwurm (Octolasium lacteum), Roter Laubfresser (Lumbricus rubellus), oder Kompostwurm (Eisenia foetida) (vgl. Füller 1954; http://hypersoil.uni-muenster.de/1/02/07.htm, 12.01.2008).

Zur Unterscheidung der Arten untereinander ist die Färbung oft keine verlässliche Hilfe, da sie oft auch innerhalb einer Art schwankt, wie auch die Anzahl der Segmente nur bedingt hilfreich ist, da auch sie innerhalb einer Art schwanken kann, oder wegen etwaiger Verletzungen nicht genau zu bestimmen ist. Die Färbung ist jedoch mannigfaltig und reicht von „sienabraun" über „irisierend rauchgrau" und „pigmentlos gelblich" oder „blutrot fleischfarben" zu „olivgrün braunviolett" (vgl. Füller 1954). So scheint nach bestimmten äußeren Merkmalen nur die Lage des Clitellums, bzw. der jeweiligen Geschlechtsorgane eine eindeutige Bestimmung zuzulassen.

Zu Beobachtungen in Deutschland kann man noch sagen, dass ein Großteil der einheimischen Arten nur im Süden vorkommen, wobei Füller und andere betonen (vgl. Füller 1954), dass viele der Einheimischen Arten eingeschleppt seien, wie Dendrobaena austrica oder Eisenia japonica. Im Norden Deutschlands kommen „nur" die weltweit verbreiteten, vom Menschen verschleppte Arten vor, wobei die im Süden ansässigen endemischen Arten fehlen. Dies hängt mit der geologischen Geschichte Nord- und Mitteleuropas zusammen. Die Regenwürmer des Nordens haben die Vergletscherung der letzten Eiszeit nicht überlebt und da Regenwürmer sehr auf ihr lokales Umfeld begrenzt sind, findet man auch heute noch endemische Arten unterhalb der damaligen Gletschergrenze (vgl. Füller 1954; http://hypersoil.uni-muenster.de/1/02/07.htm 12.01.2008).

1.4 Stammesgeschichtliche Entwicklung der Regenwürmer:

Über die stammesgeschichtliche Entwicklung der Regenwürmer ist viel spekuliert worden und es ist schwer genauere Aussagen zu treffen, da kaum fossile Lebensspuren der weichen Tiere vorhanden sind.

„Der deutsche Forscher Dietrich Wilke versuchte um 1950 diese Frage mit ökologischen Gesichtspunkten zu vernetzen. Er arbeitete unter der Annahme, dass die Regenwürmer ähnliche Lebensräume bewohnten wie heute und die Bodenbildung bereits damals mitprägten. Da der Mull – Humus im Darm der Regenwürmer entsteht, kann indirekt aufgrund der erhalten gebliebenen Bodenbildungen auf das damalige Vorhandensein von Regenwürmern geschlossen werden. Die ersten Mullböden entstanden mit dem Auftreten der Blütenpflanzen vor mehr als 100 Millionen Jahren und geben einen gesicherten Hinweis auf das Vorkommen der Regenwürmer. Die Entstehung der Regenwurmfamilien und Gattungen dürfte nach vorsichtigen Schätzungen vor ca. 200 Millionen Jahren begonnen haben." (vgl. Vetter 2003, vgl. http://hypersoil.unimuenster.de/1/02/06.htm, 12.01.2008)

1.5 Geografische Verbreitung:

Mit Ausnahme der Polar- und Wüstengebiete besiedeln Regenwürmer fast alle Böden der Erde. Im Bereich der vertikalen Verbreitung im Gebirge sind Regenwürmer in den Alpen bis in 3000m Höhe nachgewiesen.

In Deutschland leben derzeit ca. 40 Regenwurmarten, davon sind aber einige nicht heimischen Ursprungs.

In Mitteleuropa und die hier einheimische Familie Lumbricidae, wird die Eiszeit als Ursache für die geringe Artenvielfalt angenommen. Nach der Eiszeit wurden mehr Regenwurmarten in den südwestlichen Gebieten festgestellt.

Zur Verbreitung der Regenwurmarten haben die Kontinentverschiebung, aber auch weit wandernde Arten dazu beigetragen. Auch der Mensch hat durch die Besiedlung Nordamerikas und der Südkontinente, durch die Europäer, die Arten in viele gemäßigte Klimagebiete verschleppt.

Heute werden zahlreiche Regenwurmarten in bestimmte Länder gezielt eingeführt, um von ihren positiven Eigenschaften, wie der Verbesserung der Bodenqualität, profitieren zu können (vgl. Graff 1984, S. 95-96).

1.6 Bezug zum Bildungsplan:

In den Leitgedanken für den Fächerverbund „Naturwissenschaftliches Arbeiten" für die Realschulen sind Schulexperimente für den Erwerb von Kenntnissen und Fähigkeiten vorgesehen.

„Der Fächerverbund wurde bewusst „Naturwissenschaftliches Arbeiten" (NWA) genannt um zu verdeutlichen, dass Kenntnisse und Fähigkeiten durch eigenes Experimentieren, Recherchieren und Reflektieren erworben werden. Naturwissenschaftliches Arbeiten lässt die Schülerinnen und Schüler die Natur erfahren und begreifen. Diese direkten Begegnungen mit der Natur haben im Medienzeitalter einen besonderen Stellenwert."

In den Bereichen „Kompetenzerwerb durch Denk- und Arbeitsweisen" und „Kompetenzerwerb durch das Erschließen von Phänomenen, Begriffen und Strukturen" werden die geforderten Kompetenzen und Inhalte detaillierter aufgeführt, die im Rahmen des Regenwurms umgesetzt werden können.

„Die Schülerinnen und Schüler können:
- Versuche planen und durchführen;
- Ergebnisse dokumentieren, reflektieren, diskutieren und bewerten;

8

- in der Teamarbeit Kooperations- und Kommunikationsformen für zielgerechtes Arbeiten erwerben;
- Experimente, Erkenntnisse und Fakten in angemessener Fachsprache präsentieren und auf Rückfragen antworten;
- naturwissenschaftliche Erkenntnisse in Alltagssituationen nutzen und anwenden;"

2. Kompetenzerwerb durch das Erschließen von Phänomenen, Begriffen und Strukturen:

„Die Schülerinnen und Schüler können:

- experimentieren;
- ausgewählte Tierarten beobachten und beschreiben, ihre Angepasstheit an das Leben und Land, in der Luft oder im Wasser in Körperbau, Funktion und artspezifischen Verhalten erfassen und erklären (vgl. Ministerium für Kultus, Jugend und Sport 2004, S. 95- 102)"

2. Körperbau:

Um sich den Regenwurm bildhaft vorstellen zu können, stelle man sich einen kleineren Schlauch (der Darmkanal) vor, der sich in einem größeren Schlauch (der Hautmuskelschlauch) befindet, der jeweils vorne und hinten mit einer Öffnung versehen ist.

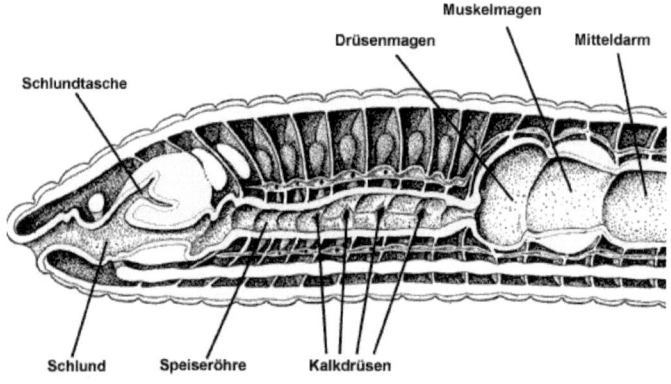

Abb.2: Darmkanal beim Regenwurm im Längsschnitt
(Abb. verändert nach Füller 1954, S.8; hypersoil.uni-muenster.de/1/02/img/28-1.gif, 12.01.2008)

2.1 Segmentierung:

Kennzeichnend für den Regenwurm ist die Segmentierung seines Körpers. Die äußere sichtbare Segmentierung des Regenwurms, verdeutlicht durch die Intersegmentalfurchen, setzt sich in seinem Inneren fort. So befinden sich zwischen den Segmenten, an den Intersegmentalfurchen, dünne Scheidewände (Dissepimente). Somit kann man sich den Körper des Wurms als eine Vielzahl nebeneinander gelegter Hohlräume vorstellen (die mit Flüssigkeit gefüllt sind).

Die Mehrzahl der Segmente zeigt einen gleichartigen Bau, man kann jedoch drei verschiedene Sorten von Organen unterscheiden:

1. Solche, die einheitlich den ganzen Körper durchziehen, wie Darmkanal, Blutgefäßsystem und das zentrale Nervensystem. Diese Organe können allerdings in segmentale Abschnitte untergliedert sein.

2. Solche, die in jedem Segment vorkommen; Exkretionsorgane und Borstenorgane

3. Solche, die nur in bestimmten Regionen des Körpers auftreten; vor allem die Geschlechtsorgane (verändert nach Füller 1954);

2.2 Hautmuskelschlauch:

Der äußere „Schlauch" des Regenwurms ist der Hautmuskelschlauch, der mit seiner Längs – und Quermuskulatur der Fortbewegung dient. Er ist jedoch auch von zahlreichen Drüsen durchzogen, welche den bekannten „glitschigen" Schleim ausscheiden. Außerdem atmet der Wurm über die Haut, weshalb Feuchtigkeit für ihn besonders wichtig ist. Es ist noch anzumerken, dass der Epidermis des Wurms „ein zartes, aber sehr widerstandsfähiges Häutchen (Cuticula) aufsitzt. […] diese ist nicht einmal durch Säuren oder Alkalien angreifbar und […] ist nicht mit dem Chitin des Insektenskelets zu identifizieren." (vgl. Füller 1954, S.9)

2.3 Verdauungsorgane:

Der Darmkanal durchzieht als „innerer Schlauch" den gesamten Regenwurmkörper und kann in verschiedene Abschnitte gegliedert werden. (vgl. Abb.2: Darmkanal beim Regenwurm im Längsschnitt) Der Verdauungsapparat des Wurmes ist notwendigerweise gut an das Leben im Boden angepasst. Erde und Nahrung, die über die Mundöffnung am Kopflappen aufgenommen wird, gelangt in den Schlund (=Pharynx), der durch anfeuchten der Nahrung für eine bessere Darmpassage sorgt. Im englumigen Abschnitt der Speiseröhre befinden sich Kalkdrüsen, deren Bedeutung wichtig bei der Neutralisierung des oft sauren, Huminstoffhaltigen Bodens ist (vgl. Füller 1954). Die abgegebenen Calciumverbindungen binden überschüssige Kohlensäure und verhindern dadurch eine Übersäuerung des Blutes (vgl. http://hypersoil.uni-muenster.de/1/02/29.htm, 12.01.08). Endgültig ist jedoch deren weiterer Nutzen nicht geklärt. Im weitlumigen Kropf oder Drüsenmagen wird die angefeuchtete Erdmasse gesammelt. Der anschließende Muskelmagen zeichnet sich durch seine starke Muskulatur aus, die benötigt wird um die Nahrungsmasse in den Mittel- und Enddarm zu pressen. Die eigentliche Verdauung findet im Mitteldarm statt, wo die durch Mikroorganismen vorzersetzte Nahrung weiter abgebaut und resorbiert wird. Der Darm des Wurms ist U – förmig gefaltet um die Oberfläche zu vergrößern (= Typhlosolis) und es lassen sich außerdem noch die Chloragoggzellen benennen, welche, am Darm anliegend, Leberfunktionen erfüllen (vgl. Füller 1954; http://hypersoil.uni-muenster.de/1/02/28.htm, 12.01.08).

2.4 Coelom:

Der Raum zwischen den beiden Schläuchen – Darm und Hautmuskelschlauch – wird als Leibeshöhle oder Coelom bezeichnet, der „Innenraum" des Regenwurmkörpers. Durch Scheidewände (Dissepimente) getrennt ist das Coelom kein durchgängiger Hohlraum, „…sondern ist, der Gliederung des ganzen Körpers entsprechend, in eine Anzahl hintereinander liegender Kammern unterteilt" (vgl. Füller 1954, S.11). Durch Poren in den Dissepimenten kann die Flüssigkeit durch den ganzen Körper strömen und hat somit die Funktion eines Hydroskeletts. Eine weitere wichtige Bedeutung kommt ihr zu, da sie z.B. Bei anhaltender Trockenheit vom Wurm durch verschließbare Rückenporen nach außen auf die Epidermis abgegeben werden kann und somit vor dem Austrocknen Schutz bietet. Sie wirkt so auch abschreckend auf Fressfeinde (vgl. Füller 1954).

2.5 Nervensystem:

Regenwürmer besitzen ein Zentralnervensystem, das
aus einem Oberschlundganglion (Gehirn), dem
Bauchmark, Nervensträngen und Seitennerven besteht.
Das Oberschlundganglion erfüllt zentrale Steuerungs-
funktionen und befindet sich oberhalb des Schlundes
frei in der Leibeshöhle des dritten Segments. Es handelt sich um ein verwachsenes Strickleiternervensystem, da zwei vom Oberschlundganglion ausgehende
Nervenstränge unter dem Darmkanal als zentrales
Neurahlrohr (Bauchmark) vereinigt sind. An den ver-
wachsenen Stellen (= Nervenknoten, Ganglien) treten
seitlich Seitennerven ab, die zu inneren Organen und
Hautmuskelschlauch führen

(vgl. Füller 1954, Peters/Walldorf 1986).

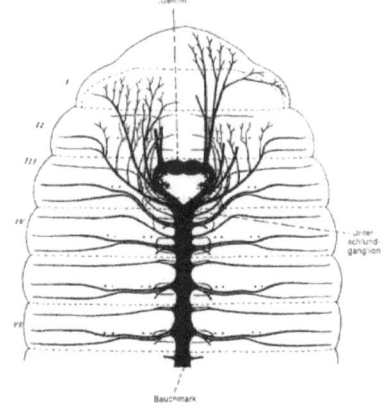

2.6 Blutgefäßsystem:

Der Regenwurm besitzt ein geschlossenes Kreislaufsystem. Es besteht aus den zwei Hauptgefäßen Rücken- und Bauchgefäß, die jeweils ober- und unterhalb des Darmkanals fast den gesamten Körper durchziehen und den 5 paarigen Seitenherzen, sowie Seitenadern und feinen Kapillaren.

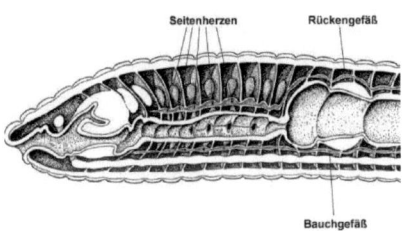

Abb.2.6 Herz- Kreislaufsystem des Wurms

(Abb. verändert nach Füller 1954, S.8 aus http://hypersoil.uni-muenster.de/1/02/27.htm, 12.01.08)

Die Seitenherzen spielen die Hauptrolle beim Bluttransport. Sie haben stark kontraktile Wände und pressen das Blut im Rückengefäß von hinten nach vorne zum Kopf, im Bauchgefäß von vorne nach hinten. Die Kontraktionen des pulsierenden Rückengefäßes unterstützen diese Bewegung. Das Blut ist durch eine spezielle Hämoglobinart rot gefärbt und hat die Aufgaben Sauerstoff aus der Hautatmung, Nährstoffe aus den Verdauungsprozessen und Abfallstoffe zu transportieren.

3. Lebensweise – Physiologische Anpassung:

3.1 Ernährung:

Regenwürmer bevorzugen ein Leben in organisch angereicherten Böden. Sie füllen ihren Darm mit humusreicher Erde und vermodertem Pflanzenmaterial und gehören somit zu den nachtaktiven Substrat- und Pflanzenfressern.
Im Vordergrund steht eine kohlenhydrat- und eiweißreiche Ernährung mit einem hohen Stickstoffgehalt. Diese Nährstoffe nehmen sie in Form toter Pflanzensubstrate und Erde auf, die bereits von Bakterien, Pilzsporen und zahlreichern Einzellern besiedelt und vorzersetzt sind.

Abb. 3.1: Wie viele Regenwürmer sind im Garten? (Quelle und Meyer 1978)

Eine wichtige Rolle spielt bei der Nahrungssuche der Tastsinn sowie chemische Sinnesreize (s. Sinnesorgane). Um auch wenig verrottetes Pflanzenmaterial verzehren zu können, zieht der Regenwurm nachts beispielsweise Keimlinge und Blätter in seine Röhre. Diese Pflanzenabfälle werden mit Hilfe saugend- schlingender Bewegungen des Mundes und des muskulösen Schlundes (Pharynx) festgehalten und in seinen Gang rückwärts kriechend hineingezogen.
Der Zersetzungsprozess wird auch durch Sekrete der Pharynxdrüsen beschleunigt. Das zu fressende Material muss gehörig feucht sein, da sie keine Kauwerkzeuge besitzen. Die Nahrungsbestandteile wandern durch den Mund in den Schlund (Pharynx), in die Speiseröhre (Ösophagus) durch den Kropf in den Muskelmagen.
Im Muskelmagen wird die Zerkleinerung der Nahrung mittels Sand- und Bodenpartikeln gefördert. Die Verdauung findet im Darmkanal statt. Unverdaute organische Substanzen und anorganische Bodenpartikel werden im Mittel- und Enddarm gemischt und als Lösung ausgeschieden.
Dabei werden organo- mineralische- Verbindungen (Ton- Humus- Komplexe) gebildet, die die Bodenqualität erheblich verbessern. Ein Großteil der organischen Substanzen wird unverdaut ausgeschieden, da die Verdauungsleistung nicht besonders hoch ist. Der Nährstoffgehalt im Regenwurmkot ist daher stark konzentriert. Regenwürmer können zwar nicht die Menge der Pflanzennährstoffe im Boden vergrößern, aber sie können diese konzentriert zur Verfügung stellen. Die Regenwurmlösung enthält meist die doppelte Menge an Kalk, die zwei- bis sechsfache Menge an Magnesium, das fünf- bis siebenfache an Phosphor und das elffache an Kalium.
Gleichzeitig sorgen die Hohlräume und Gänge im Erdreich für bessere Bodenstrukturen und Belüftungsverhältnisse.

Einige Arten bevorzugen Bodenalgen, Mist, Kompost oder morsches Holz. Fraßversuche mit verschiedenen Laubarten belegen, dass sie zu den Feinschmeckern zählen und stickstoffreiche und gerbsäurearme Blätter wie Schwarzerle, Esche oder Ulme bevorzugen.

Die Lebensweise, die Art der Nahrungsaufnahme und die damit anschließende Verdauung machen den Regenwurm zu einem sprichwörtlichen Garanten der Bodenfruchtbarkeit (vgl. Graff 1984, S. 64-65).

3.2 Fortbewegung:

An der Erdoberfläche sieht man kriechende Bewegungen der Regenwürmer durch abwechselndes Strecken und Verkürzen einzelner Körperabschnitte, wobei sich Körperdurchmesser und die Körperlänge verändern.

Die Fortbewegung wird durch den Hautmuskelschlauch mit seiner Ring- und Längsmuskulatur, den Druck der Leibeshöhlenflüssigkeit und dem Einsatz der Borsten ermöglicht.

Die Kontraktion der Ringmuskeln am Vorderende bewirkt eine Vorwärtsbewegung, sodass die nachfolgenden Segmente dünner und länger werden. Mit Hilfe der Borsten, die schräg nach hinten stehen, findet eine Verankerung im Boden statt, welche ein Zurückrutschen verhindern. Nun folgt die Kontraktion der Längsmuskeln, wodurch die Segmente dicker und kürzer werden und den Körper nach vorne ziehen.

Durch die große Längenausdehnung der Regenwürmer, findet das Wechselspiel von Ring- und Längsmuskulatur in mehreren Wellen statt. Diese rhythmische Abfolge von Kontraktionswellen wird als „peristaltisches Kriechen" bezeichnet.

Äußere Reize wie chemische, Berührungs- und Lichtreize können Regenwürmer auch zur Fluchtreaktion veranlassen. Ist dies der Fall, fungiert das Körperende als Vorderende und beginnt mit der Ausstreckungsbewegung.

Beim Eindringen in das Erdreich und beim Bau neuer Wohnröhren und Gänge, wird das stark muskulöse Vorderende als Keil/ Bohrinstrument eingesetzt. Das Graben erfolgt wie die Fortbewegung an der Erdoberfläche. Durch den hydrostatischen Druck der Leibeshöhlenflüssigkeit auf die Körperwand kann der Bodenwiderstand überwunden werden. Die Längsmuskulatur löst ein Verkürzen am Vorderende aus, sodass der Hohlraum an der Bodenoberfläche erweitert und vergrößert wird.

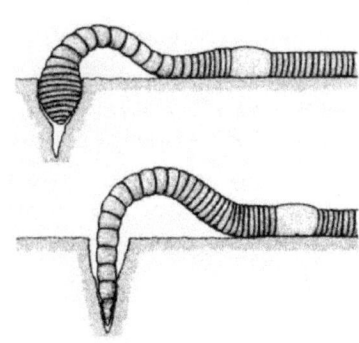

**Abb. 3.2 Vordringen des Regen-
Wurms in den Boden** (Buch 1986)

Je tiefer der Regenwurm in den Boden eindringt, desto mehr zieht er seine nachfolgenden Segmente in die Röhre hinein.

Mit der Zeit legt er zahlreiche Gänge und Wohnröhren an und gräbt sich so immer weiter in den Boden ein. Mit seinen Borsten ist es ihm möglich, sich im Untergrund zu verankern, sodass er in seinen engen Röhren auf- und absteigen kann.

(vgl. Peters/Walldorf 1986, S. 13-28).

3.3 Fortpflanzung und Entwicklung:

Regenwürmer gehören zu den „protreandrischen Zwittern" (Spermien reifen zuerst), die sich wechselseitig befruchten. (vgl. Campbell/ Reece 2006, S. 784-785).

Sie besitzen somit gleichzeitig männliche und weibliche Fortpflanzungsorgane. Selbstbefruchtung zählt zu den Ausnahmen, sie suchen sich in der Regel einen Partner, um sich zu paaren und die Samenzellen auszutauschen.

Im Frühsommer und Herbst paaren sich Regenwürmer besonders gern, da die Temperaturen und Feuchtigkeitsverhältnisse im Boden günstig sind. Die meisten Arten paaren sich unterhalb der Erde, nur der Tauwurm (Lumbricus terrestris) pflanzt sich an der Bodenoberfläche fort.

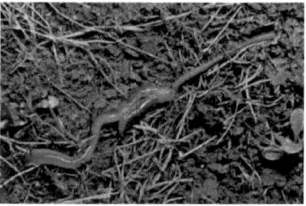

Abb. 3.3.1: Wie vermehren sich Regen-

würmer? (Quelle & Meyer 1978)

Erst spät in der Nacht oder gegen Morgen findet der mehrstündige Akt statt. Dabei legen sich die beiden Regenwürmer in entgegengesetzter Richtung mit der Bauchseite so aneinander, dass die Samenregion (9./10. Segment) des einen Tieres dem Clitellum (Gürtelzone) des anderen gegenüberliegt. Diese Stellung wird durch einen klebrigen Schleim der Clitellumsdrüsen gefestigt, um die Tiere für den Samenaustausch zu verbinden. Unterstützt wird diese Verbindung auch durch die Klammerborsten der Tiere.

Bei der Paarung werden nur die männlichen Samenzellen vom 15. Segment durch die beiden Samenrinnen nach hinten bis zu den Samentaschen (Receptaculum seminis) des Partners befördert und dort gespeichert.

Anschließend trennen sich die beiden Regenwürmer wieder. Oft ist die Befruchtung der eigenen Eizellen mit dem Fremdsperma erst einige Tage später. Dabei produzieren die Clitellumdrüsen erneut einen klebrigen Schleimring. Diese Hülle schiebt sich der Regenwurm nun langsam rückwärts kriechend ab. Beim Passieren des 14. Segments werden einige reife Eizellen in die Schleimhülle abgegeben. Diese werden anschließend weiter vorne im 9. und 10. Segment mit den in den Samentaschen aufbewahrten fremden Samen befruchtet.

Der Regenwurm streift den rasch härtenden Schleimring vollständig ab und die offenen Enden schließen sich zu einem blassgelben zitronenförmigen Kokon zusammen. So werden auf gleiche Weise weitere Kokons produziert.

Die Kokons werden an der Erdoberfläche abgelegt und zum Schutz vor negativen Umwelteinflüssen mit Wurmkot versehen. Je nach Regenwurmart variiert die Farbe (gelb bis braun), Länge (2-7mm) und Anzahl der Kokons. Die Entwicklungsdauer/ Embryonalentwicklung ist von der jeweiligen Art und den Umgebungsbedingungen abhängig.

Abb. 3.3.2 Brutfürsorge (Vetter 2003)

Der Tauwurm (Lumbricus terrestris) schlüpft zum Beispiel bei 12°C nach etwa 90 Tagen. Junge Regenwürmer unterscheiden sich von den erwachsenen Tieren durch eine geringere Größe, eine sehr schwache Pigmentierung und den noch nicht entwickelten Geschlechtsapparat. Die Geschlechtsreife dauert ca. ein bis zwei Jahre, erst dann entwickelt sich das Clitellum (Gürtelzone) zur Fortpflanzung (vgl. Meinhardt 1985, S. 23-27).

3.4 Atmung:

Regenwürmer haben keine Atmungsorgane wie Lungen oder Kiemen. Die Aufnahme von Sauerstoff und die Ausscheidung von Kohlenstoffdioxid erfolgt über ihre Körperoberfläche/ Haut (Hautatmung). Aus diesem Grund muss die Köperoberfläche immer feucht gehalten werden.

Ist der Regenwurm längere Zeit an der trockenen Luft, so scheidet er Körperflüssigkeit aus den Rückenporen aus, um die Haut zu befeuchten. Dies kann auch durch die Ausscheidung der Nierenorgane (hier Nephridien) geschehen. Am Wasserverlust wird der Regenwurm durch Ersticken oder durch eine zu hohe Salzkonzentration im Körper eingehen.

Bei der Hautatmung wird der Sauerstoff durch die feuchte Schleimschicht gebunden und diffundiert durch die Oberhaut in die feinen Haargefäße (Kapillaren) direkt unter der Hautoberfläche. Sie vereinigen sich zum Inneren hin in Seitenadern, die in das Bauch- und Rückengefäß münden.

Von den Kapillaren fließt das sauerstoffreiche Blut durch die Seitenadern in das Bauch- und Rückengefäß. Dort werden die inneren Organe mit Sauerstoff versorgt. In umgekehrter Richtung, d. h. von den Organen zur Hautoberfläche, kommt es zur Abgabe von Kohlenstoffdioxid bei der Ausatmung.

Über den Blutfarbstoff Hämoglobin findet die Sauerstoffaufnahme nur zum Teil statt. Zu berücksichtigen ist auch, dass sich der Sauerstoff analog dem Partialdruck direkt in der Körperflüssigkeit löst.

In tieferen Bodenbereichen besitzt die Luft eine höhere Kohlenstoffdioxid- Konzentration, verursacht durch viele atmende Organismen im Erdreich. Der hohe Kohlenstoffdioxidgehalt kann die Sauerstoffaufnahme stark erschweren und kann zu einer Übersäuerung des Blutes führen. Die Kalkdrüsen der Regenwürmer können Calciumverbindungen der Nahrung aufnehmen. Mit ihrer Hilfe kann das überflüssige Kohlenstoffdioxid mittels gelösten Kalks (Bikarbonat) gebunden und als Calciumkarbonat ausgeschieden werden.

Regenwürmer sind auch fähig, Sauerstoff in gelöster Form aus dem Wasser aufzunehmen. Wenn das Wasser sauerstoffreich und nicht zu kalt ist, überleben Regenwürmer längere Zeit (einige Tage bis Wochen) darin. Diese Situation können sie nur durch Gewichtseinbußen (bis zu 80 Prozent) meistern (vgl. Graff 1984, S.19).

3.5 Sinnesorgane:

Nach Stolte sind bei den Regenwürmern folgende Sinnesorgane aufgeführt:

• Freie Nervenendigungen für den Drucksinn:

Über die gesamte Epidermis liegen Drucksinneszellen verstreut, sodass der Regenwurm v. a. Bodenerschütterungen oder Infraschallfrequenzen wahrnehmen kann. Dies ermöglicht ihm die rechtzeitige Flucht vor einem herannahenden Fressfeind, wie dem Maulwurf.

• Freie Nervenendigungen in Körperanhängen (Kopflappen) für den Tastsinn:

Als Tastsinnesorgan fungiert der Kopflappen, der die Mundöffnung vordachförmig als Fortsatz überragt. Spalten und Hindernisse sowie das Oben und Unten können so ermittelt werden.

• Einzelne Sinneszellen und Sinnesknospen für den chemischen Sinn (Geschmackssinn):

Zellen in der Oberhaut und Sinnesknospen in der Mundhöhle dienen der Geschmackswahrnehmung. Sie können die Qualität der Nahrung prüfen, süß und bitter unterscheiden.

• Lichtsinneszellen in der Epidermis:

Zur Lichtwahrnehmung liegen in der Epidermis Lichtsinneszellen, v. a. am Vorder- und Hinterende des Regenwurms. Mit ihnen kann er hell und dunkel unterscheiden. Den Spektrumsbereich rot nimmt er nicht wahr, hingegen auf blau zeigt er starke Lichtempfindlichkeit an.

Ein Gehörsinn kann bei dem Regenwurm nicht nachgewiesen werden (vgl. Graff 1984, S. 86-87).

3.6 Jahreszyklus – Überleben im Winter:

Regenwürmer können ihre Körpertemperatur nicht selbstständig regulieren. Sie müssen ihren Lebensrhythmus der Umgebungstemperatur und den Feuchtigkeitsverhältnissen anpassen.

Bei Sommer- und Winteranfang beenden sie ihre Nahrungsaufnahme. Die meisten Arten ziehen sich dann tiefer in den Boden zurück und bauen sich dort eine Höhle. Zu diesem Zweck entleeren sie ihren Darm und tapezieren die Höhlenwände mit ihrem Kot aus. So wird die Einsturzgefahr und ein zu großer Feuchtigkeitsverlust verhindert.

Die Tiere rollen sich zu einem Knoten zusammen, um ihre Körperoberfläche zu reduzieren und dadurch der Verdunstung von Körperflüssigkeit entgegenzuwirken. Bei sommerlicher Hitze und Trockenheit verfallen sie in eine Sommerstarre (Sommerruhe), in der kalten Jahreszeit in eine Winterstarre (Winterruhe). So bald die äußeren Bedingungen wieder günstig sind (Frühjahr und Herbst), werden sie sofort wieder aktiv, aufgrund ihres großen Gewichtsverlustes (vgl. Meinhardt 1985, S. 27-28).

Diese Art des Ruhestadiums nennt man einfache „Ruhe/ Knotenstadium". Eine weitere Möglichkeit ist die „fakultative Diapause". Sie unterscheidet sich darin, dass die Regenwürmer nicht sofort nach günstigen Bedingungen, sondern erst nach Abschluss einer „kritischen Zeit", aktiv werden. Daneben existiert auch eine „obligatorische Diapause", die wahrscheinlich durch hormonelle Einflüsse ausgelöst wird (vgl. Graff 1984, S. 83).

Abb. 3.6 Der Regenwurm im Winter (Quelle & Mayer 1978)

3.7 Bedeutung für die Bodenverbesserung – Vielfältiger Nutzen für den Menschen:

„ Earthworms have played a most important part in the history of the world"
Darwin, 1881
(vgl. Peters/Walldorf 1986, S.7)

Vielen ist bekannt, dass Regenwürmer eine außerordentlich positive Auswirkung auf den Boden haben in dem sie leben. Dies ist schon eine lange bekannte Tatsache und Darwin betonte dies bereits 1837 vor der Geologischen Gesellschaft in London (vgl. Füller 1954).

Der Einfluss der Würmer auf die physikalischen Eigenschaften des Bodens und dessen Fruchtbarkeit ist sehr weitreichend und sollte nicht unterschätzt werden. Es ist einleuchtend, dass es schwierig ist, die genaue Anzahl der Würmer zu bestimmen, die in einem bestimmten Stück Erde lebt. Bei den meisten bekannten Berechnungen handelt es sich um Hochrechnungen, die nur eine andeutende Veranschaulichung liefern können. Doch man hat versucht zu ermitteln wie viel Wurmkot auf einer bestimmten Fläche ausgeworfen wird und kam auf bemerkenswerte Ergebnisse. Die Menge des ausgeworfenen Wurmkots variiert nach Ort und Jahreszeit. So beträgt die Höhe der in Mitteleuropa ausgeworfenen Bodenschicht ca. 0.3 cm (vgl. Füller 1954). Zum Vergleich ein klimatisch günstigerer Ort; „ Aus dem Sudan […] wird berichtet, dass im Tal des Weißen Nil von den Regenwürmern in einer Nacht pro Hektar 110 Zentner Erde ausgeworfen wurden. Es würde also hier der gesamte Erdboden bis in eine Tiefe von ca. 50 cm innerhalb von 27 Jahren durch die Regenwürmer einmal an die Oberfläche befördert werden." (vgl. Füller 1954, S.33)

Durch die ständige Wühlarbeit der Regenwürmer wird der Boden aufgelockert und erfährt somit eine Volumenvergrößerung. Der Boden ist leichter zu durchlüften und Wasser kann leichter eindringen. Wurzeln, besonders den feinen Haarwurzeln nutzen die etwas älteren Gänge der Würmer um tiefer in den Boden einzudringen. Doch die Struktur des Bodens verändert sich bereits im Regenwurm; Durch die Einwirkungen des muskulösen Wurmdarms wird die Korngröße der Erde verringert, was wiederum die Minerallöslichkeit des Bodens erhöht – das ist gut für die Ernährung

19

der Pflanzen. Der Regenwurmkot ist auch weniger sauer oder weniger alkalisch als der bewohnte Boden, was auf die Kalkdrüsen im Darm zurückzuführen ist. Weiterhin wird eine Fäulnis von organischen Stoffen im Boden durch die Wühlarbeit verhindert, die sonst zur Bildung von Bodensäuren führen würde. Ein weiterer wichtiger Vorgang bei der Erdaufnahme ist die Vermengung anorganischer und organischer Verbindungen im Darm des Wurms, die zur Bildung sogenannter Ton – Humuskomplexe führen. Diese Ton – Humuskomplexe sind für die wertvollste Humusform den Mull, charakteristisch. Der mitunter wichtigste Punkt innerhalb der Bodenökologie ist die Vermehrung von Bodenzersetzenden Organismen wie Bakterien, Hefen und Pilzen innerhalb des Wurms bei der Darmpassage. So geschieht in Wurmreichen Böden die Zersetzung organischer Stoffe schneller und es kann die Anhäufung von Säuren verhindert werden. In den Wurmröhren leben rund 40% der stickstoffbindenden Mikroorganismen und selbst mit dem Tod, tragen Würmer der Düngung des Bodens bei – ein toter Wurm enthält bis zu 10 mg Stickstoff. Man kann also sagen, dass die Arbeit der fleißigen Wühlarbeiter viele Nutzen auch für den Menschen mit sich bringt und es ist anzumerken, dass man auf viele Chemischen Pflanzenschutzmittel weitgehend verzichten könnte, wenn die Pflanzen gekräftigt und stark wären – Wurmkot trägt erhöht zur Kräftigung und zum natürlichen Schutz von „Innen" der Pflanzen bei (vgl. Füller 1954; Vetter 2003).

4. Feinde und Parasiten:

Regenwürmer sind wehrlose, langsame und leicht verletzbare Tiere. Zu ihren zahlreichen Feinden zählen Vögel, Säugetiere, Reptilien, Amphibien und Insekten.

Bei den Vögeln sind es vorwiegend Amseln, Stare, Drosseln, Möwen, Krähen und Eulen.

Von Seiten der Säugetiere sind es der Igel, Dachs, Fuchs, Feld- und Spitzmäuse sowie Ratten und besonders Maulwürfe. Maulwürfe zählen zu den größten Feinden des Regenwurms. Diese halten sie als lebenden Vorrat in Erdkammern. Durch Einbeißen in den Kopf nehmen sie ihnen das Grabvermögen und verhindern so ihre Flucht. Ein Maulwurfsbau kann Hunderte von Regenwürmern enthalten.

Molche, Salamander und Kröten gehören zu den amphibischen Feinden.

Unter den Reptilien sind es vorwiegend Nattern, ganz besonders Blindschleichen, die dem Regenwurm nachstellen.

Bei den Insekten sind es viele Käferarten, besonders Lauf- und Kurzflügelkäfer, Steinkriecher, Tausendfüßler und zahlreiche Schneckenarten.

Auch der Mensch entpuppt sich als Feind, denn Angler und Fischer benötigen riesige Mengen von Regenwürmern als Köder oder Futter für Fische bzw. Terrarientiere (vgl. Graff 1984, S. 37-38).

Abb.4. Oberirdische

Feinde (Quelle & Mayer   1978)

In Regenwürmern leben zahlreiche parasitierende Organismen wie Bakterien, Flagellaten, Ciliaten, Sporozoen (besonders Gregarinen), Bandwürmer, Fadenwürmer als auch Fliegenlarven. Befallen werden vorwiegend die Leibeshöhle und Samenblase. Wenn die geschlechtsorgantragenden Segmente besiedelt sind, kann eine parasitäre Kastration die Folge sein.

Regenwürmer können auch Zwischenwirte wie Nematoden enthalten, die bei Säugetieren und Vögeln als gefährliche Parasiten gelten.

Auch Fliegen halten sich im Larvenstadium im Regenwurm auf.

Anhand dieser Fakten wird von dem Verzehr des Regenwurms abgeraten (vgl. Graff 1984, S. 72).

21

5. Regenerationsvermögen und Selbstverstümmelung:

„Unter Regeneration versteht man den in der Natur weit verbreiteten Vorgang der Ausheilung von Wunden, also der Neubildung von Gewebe oder Organen bzw. Organteilen, die verloren gegangen sind." (vgl. Meinhardt 1985, S. 35-36)

Regenwürmer verfügen über ein beträchtliches Regenerationsvermögen. Das weit verbreitete Märchen, dass zwei lebensfähige Würmer entstehen würden, wenn man einen Wurm in der Mitte durchtrennt, trifft nicht zu. Das Regenerationsvermögen ist in der Körpermitte am geringsten.

Nur der After, nicht der Kopf kann genetisch von jedem Segment wieder hergestellt werden, d. h. nach der Zweiteilung entsteht aus dem Hinterende ein Regenwurm mit zwei Aftern, der bald darauf verhungert.

Das Vorderende ist nur überlebensfähig, wenn es mehr als zehn Segmente besitzt. Dort sitzen lebensnotwendige Organe (nicht regenerierbar), die den Hämolymphkreislauf aufrechterhalten. Am Vorderende können vier Segmente (Prostomium) abgetrennt und wieder regeneriert werden. Daraus ergibt sich, dass das Hinterende des Regenwurms weit aus stärker regenerationsfähig ist.

Das Regenerat erkennt man an seiner helleren Färbung und dem zunächst schmaleren Körperabschnitt. Während der Regeneration fressen die Tiere nichts und verhalten sich völlig leblos (vgl. Meinhardt 1985, S. 35- 36; vgl. Graff 1984, S. 78).

Abb.5.:Regenerat (Quelle & Mayer 1978)

Viele Regenwurmarten sind auch in der Lage, in bestimmten Gefahrensituationen sich selbst zu verkürzen (Autotomie), um den Räuber ein Stück des Hinterendes zu überlassen und dabei selbst zu fliehen. Die Selbstverstümmelung beträgt nur wenige Sekunden. Dabei ziehen sich die Längsmuskeln des Hinterkörpers stark zusammen und sorgen für eine Körperverdickung. Es kommt zur Abtrennung von nicht lebensnotwendigen Segmenten (bis zu 50 Prozent der gesamten Körperlänge).

Bei der Regeneration nach einer Selbstverstümmelung kann das Hinterende neu gebildet werden oder nicht. Es besteht auch die Möglichkeit, verkürzt weiter zu leben und an dem jetzt letzten Segment einen After auszubilden.

6. Gefährdung und Schutz:

Als beliebte Kost stehen Regenwürmer auf dem Speisezettel vieler Tierarten wie Maulwurf, Igel, Kröte, Laufkäfer, viele Vogelarten und auch größere Säuger wie Dachs und Wildschwein. Eine andere Gefährdung stellt UV Licht dar, das nach einem längeren Ausflug an der Oberfläche am nächsten Tag zu Atemnot, Lähmung und Tod führt. Kupferhaltige Spritzpräparate, wie sie in der Landwirtschaft eingesetzt werden führen auch zum Tod, wobei auch noch weitere Tiere im Nahrungsnetz gefährdet sind, die die vergifteten Würmer aufnehmen. Häufig bearbeitete, „sterile" und mit schlecht belüfteter Rinder- oder Schweinegülle gedüngte landwirtschaftliche Flächen sind sehr rar an Regenwürmern. Der bedeutendste Eingriff, nicht nur für Würmer, stellt wohl der Kulturlandverlust dar, unter verbauten und versiegelten Flächen gibt es kein Bodenleben mehr.

Wer einen Garten hat und weitgehend einen gesunden Boden und gesunde Pflanzen erleben möchte, kann das Leben der Regenwürmer etwas leichter machen und so für gute Voraussetzungen sorgen;

1. Spaten, Pflug und Bodenfräsen nur sparsam einsetzen, da sie die Wohnröhren mit den Nahrungsvorräten zerstören und die Würmer häufig mechanisch verletzen. Flaches Pflügen während Trockenperioden schon den Wurmbestand, da sich die Tiere dann in tiefere Bodenschichten zurückgezogen haben.

2. Nahrungsgrundlage in Form von organischem Material ist ausreichend sicherzustellen. Also organische Düngung (Mist, Kompost) und konsequente Bodenbedeckung (Mulch)

3. Der Einsatz von regenwurmschädigenden Pflanzenbehandlungsmitteln ist zu unterlassen. In der Schweiz werden heute neue Pflanzenschutzmittel im Bewilligungsverfahren auf ihre Regenwurmverträglichkeit geprüft.

4. Verschiedene mehrjährige Forschungsprojekte in der Schweiz und im Ausland belegen die positiven Wirkungen der erwähnten Förderungsmöglichkeiten auf das gesamte Leben im und auf dem Boden. Im Vergleich verschiedener Bewirtschaftungsintensitäten schont und fördert die biologische Bewirtschaftung den Regenwurmbestand am nachhaltigsten (vgl. Vetter 2003, aus: www.regenwurm.ch/files/downloadfiles/DOWNLOADS/broschrw1.pdf, 12.01.08).

7. Beschaffung und Haltung:

Je nach Absicht des Wurmhalters empfiehlt sich eine andere Haltungsvariante. Die Beschaffung ist relativ unkompliziert. Die meisten Angelbedarfsläden oder Zoofachgeschäfte führen Regenwürmer, es ist jedoch darauf zu achten um welche Art es sich genau handelt. Meist werden momentan „Canadian Nightcrawlers" angeboten, welche recht groß und somit gut zu beobachten sind. Diese Art eignet sich gut zur Hälterung in einem Wurmschaukasten, in dem anschaulich gezeigt werden kann, wie Würmer Gänge anlegen, Laub einziehen und Kot abgeben. Um jedoch eine Kompost – oder Wurmkiste anzulegen, oder gar mit den auch gewonnenen Wurmkokons die Wurmzahl im eigenen Garten zu erhöhen ist abzuraten, da 1. Nach eigener Erfahrung Kompostwürmer einfach effizienter organisches Material umsetzen und 2. Es sich bei den Canadian Nightcrawlers nicht um eine einheimische Art handelt und man nichts um die Konsequenzen einer Vermehrung der Art im heimischen Gartenboden weiß.

Ich gebe hier einen Link im Internet an, wo man Kompostwürmer (ca. 1000 Stück für 20 Euro) und auch Wurmdünger bestellen kann (vgl. Regenwurmfarm Tacke GmbH – www.regenwurm.de).

Zur Haltung:

Es gelten generell folgende Bedingungen, die bei der Haltung von einheimischen Lumbriciden, speziell Regenwürmern (L. terrestris) beachtet werden sollten:

- Material des Behältnisses kann Kunststoff, Styropor, Glas oder Holz sein – wichtig ist, dass keine Staunässe entsteht (dafür ist das Anbringen eines dünnmaschigen Siebes oberhalb des Bodens des Behältnisses zu empfehlen) und keine Giftstoffe (Lack etc.) vorhanden sind.
- Das Behältnis sollte bei kühler Raumtemperatur (zwischen 12°C und 20°C) dunkel oder halbdunkel stehen.
- Für Züchtungen wird empfohlen Erde mit zerkleinertem Zeitungsbrei zu vermischen, oder nur Zeitungsbrei zu nutzen. Es ist jedoch ratsamer, nur die Mischvariante zu wählen oder Erde vom Standort zu nehmen und dieser regelmäßig organische Stoffe wie; angerottetes Laub, Biomüll (rein pflanzlich z.B. Kartoffelschalen), und feuchten und zerkleinerten Zeitungsbrei dazugeben.
- Das Behältnis sollte immer gut feucht sein, jedoch nicht ganz nass sein, bei guter Pflege und günstigen Rahmenbedingungen legt Regenwurm Lumbricus terrestris das ganze Jahr über Kokons ab (etwa vier bis sechs pro Monat), die mit einem engmaschigen Sieb (2 bis 3mm) ausgesiebt werden können und entweder dem Komposthaufen zugeführt oder untersucht werden können (vgl. Peters / Walldorf 1986; http://www.bio-gaertner.de/Articles/II.Pflanzen-allgemeineHinweise/NuetzlicheTiere-Bakterien-Pilze/Regen-Kompostwurmer.html, 12.01.08).

Behältnisse:

* **Schaukasten:**

Dieses Behältnis bietet sich sehr gut an um Würmer über einen gewissen Zeitraum zu beobachten, wie sie Röhren anlegen und Laub in diese Röhren ziehen. Außerdem lässt sich sehr schön beobachten wie Erdschichten durch die Grabarbeit vermischt werden. Materialien sind; Holzleisten (unbehandelt), über die Länge muss sich jeder selbst Gedanken machen, es kommt darauf an wie groß man die Kiste haben möchte. Zwischen 30cm und 50cm bei ca. 3 bis 4cm Dicke bietet sich an.

Außerdem zwei Glas oder Plexiglasscheiben, die dicht an den Holzrahmen angebracht werden müssen. Plexiglas ist leichter und billiger zu verarbeiten (mit Schrauben festmachen), verkratzt jedoch auch schneller als Glas.

Wenn der Kasten fertig ist mit verschiedenen Erdschichten auffüllen (z.b. heller Lehmboden und dunkler Humus), ca. 10 Würmer der Kiste zugeben und Laub oben auflegen. Nicht vergessen den Kasten abzudecken, da die Würmer sonst im dunklen Inneren des Kastens versteckt ihre Gänge graben.

Abb. 7.1 Schaukasten (Foto von Bernadette Wannsing Dez. 2007)

* **Wurmkiste:**

Diese Variante bietet sich zum Züchten, sowie in kleiner Variante auch als Kleinkomposter für den Balkon an. Material wie Größe des Behältnisses sollten nach Platz und Bedarf gewählt werden. Man kann sowohl eine Kunststoffregentonne als auch eine Apfelholzkiste nehmen.

Bei Kunststoffbehältnissen muss jedoch für ausreichende Luftzirkulation und auf Feuchtigkeit (nicht Staunässe) geachtet werden, es wird empfohlen oberhalb des Bodens ein engmaschiges Sieb oder Netz anzubringen.

Nach Auswahl des Behältnisses gebe man auf den Boden mehrere Lagen Pappe und fülle den Rest mit Erde, oder Erd – Zeitungsbreimischung auf. Dann gebe man die Würmer hinzu und gibt oben drauf Bioabfall (rein pflanzlich). Wer die Wurmkiste als Komposter nutzen möchte, sollte auf Kompostwürmer zurückgreifen. Es wird gesagt, dass eine gut funktionierende Wurmkiste (mit ca. 200 – 300 Würmern) den Bioabfall eines Dreipersonenhaushaltes kompostiert. Es empfiehlt sich alle zwei Monate einige der Würmer zu entfernen und dem Garten oder einer neuen Zucht zuzugeben, oder zumindest die Kokons der Würmer abzusieben und diese der Gartenerde zuzuführen. Normalerweise ist die Haltung in Kellerräumen und auf Balkonen optimal (oder natürlich direkt im Garten), es ist jedoch zu beachten, dass die Würmer bei Frosttemperaturen sich in tiefere Erdschichten zurückziehen, was bei Kisten meist nicht möglich ist – deshalb muss die Kiste ins „Warme" geholt werden (vgl. http://www.angeln.de/praxis/gewusst-wie/wurmzucht/bericht.php, 12.01.08; http://www.nefkom.net/bremline/wurmzucht.htm, 12.01.08; http://www.gwa-online.de/www/html/pdf/brosch/wurmkiste-bs.pdf, 12.01.08; http://de.wikipedia.org/wiki/Wurmkiste, 12.01.08; http://www.wurmkisten.de/, 12.01.08).

Abb. 7.2 Wurmkiste (Foto von Stefan Drescher Dez. 2007)

8. Versuche mit Regenwürmern:

8.1 Kurzzeitversuche:

a) Beobachtungsversuche am lebenden Tier:

Beobachtet werden kann/können:

- das peristaltische Kriechen; (hier Gruppenarbeit 1)
- die Fluchtbewegung/ Zuckreflex
- das Einbohren in den Boden
- das Ernährungsverhalten
- die Fortpflanzung
- der Körperbau (äußere Merkmale); (hier Gruppenarbeit 2)
- der Bau der Wohnröhre
- die Lichtwahrnehmung; (hier Gruppenarbeit 2)
- einzelne Sinnesorgane (Hören ohne Ohren? Sehen ohne Augen? Riechen ohne Nase?...)
- die Reaktion des Regenwurms bei Regen
- die Regeneration und Autotomie
- die künstliche Färbung von Regenwürmern
- der Vergleich verschiedener Regenwurmarten untereinander

b) Präparationsversuche am toten Tier:

Präpariert werden kann/können:

- der Bau des Darmkanals
- die Geschlechtsorgane
- das Strickleiternervensystem
- die Coelomzellen
- das Blutgefäßsystem
- die Metanephridien
- die Orte der Verdauung
- Parasiten des Regenwurms
- der Querschnitt aus verschiedenen Körperregionen
- die Darstellung der Dissepimentmuskulatur
- der Medianschnitt vom Vorderende
- der Längsschnitt durch den Muskelmagen
- die Sagittalschnitte durch die Genitalregion

8.2 Langzeitversuche:

Versuche zur ökologischen Bedeutung des Regenwurms:

- Bodenbildung (Durchmischung); (hier Gruppenarbeit 3)
- Bodenbildung (Zersetzung/Kompostierung); (hier Gruppenarbeit 3)
- Wachstumsförderung bei Pflanzen; (hier Gruppenarbeit 3)

Beobachtungsversuche am lebenden Tier:

Beobachtet werden kann:

- Lebenslauf des Regenwurms (von der Embryonalentwicklung bis zum Tod)
- Lebensweise (Diapause, Knotenstadium, Autotomie, Fortpflanzung…)
- Verhaltensweise (Lautäußerungen, Leben im Wasser, Massenwanderung, Kotablage und Lernvermögen, Regeneration…)

8.3 Nachgehende Reflexion der Gruppenarbeit:

Der vorgesehene Seminarablauf konnte weitgehend eingehalten werden. Die geplanten Inhalte erwiesen sich als umfangreich, konnten aber mit Hilfe didaktischer Reduktion im gesetzten Zeitrahmen präsentiert werden.

An die Präsentation knüpften praktische Schulexperimente/Umsetzungsvorschläge für die Schule an. Diese wurden in Form einer arbeitsteiligen Gruppenarbeit ausgeführt. Der Tauwurm (Lumbricus terrestris) wurde als gut geeignetes Versuchstier ausgewählt und hier eingesetzt. Innerhalb des Seminars wurden in jeder Gruppenarbeit die gewünschten Ergebnisse erzielt. Sehr erfreulich war die gelungene Ergebnispräsentation der drei Gruppen. Mitarbeit und Resonanz waren erstaunlich.

Innerhalb des Seminars wären auch Präparationsversuche am toten Tier gewesen, die aber bereits den Studenten durch die „Zoologischen Übungen" bekannt waren.

Abschließend wurde ein ZDF- Film von Peter Lustig über den Regenwurm gezeigt, der das Verständnis von Bau und Lebensweise den Studenten noch einmal verdeutlicht hat.

9. Literaturverzeichnis:

- Buch, W. (1986): Der Regenwurm im Garten, Ulmer, Stuttgart.
- Campbell, N. A., Reece, J. B. (2006): Biologie, Pearson Studium, München.
- Darwin, C. (1983): Die Bildung der Ackererde durch die Tätigkeit der Würmer, März Verlag GmbH, Berlin, Schlechtenwegen.
- Füller, H. (1954): Die Neue Brehms Bücherei – Die Regenwürmer, Heft 40, Ziemsen Verlag.
- Graff, O. (1984): Unsere Regenwürmer, M. & H. Schaper, Hannover.
- Jansen, M., Deringer, B. (1978): Die Regenwürmer, Quelle & Meyer, Heidelberg.
- Kleesattel, W. (1997): Die Fundgrube für den Biologie- Unterricht. Das Nachschlagewerk für jeden Tag, Cornelson Verlag Scriptor GmbH & Co. KG, Berlin.
- Kuhn, K., Probst, W., Schilke, K. (1986): Biologie im Freien, Metzler Schulbuchverlag GmbH, Hannover.
- Meinhardt, U. (1985): Alles über Regenwürmer, Franckh`sche Verlagshandlung, Stuttgart.
- Miniterium für Kultus, Jugend und Sport (Hrsg): Bildungsplan für die Realschule. Bildungsplanreform 2004.
- Munk, K. (2002): Grundstudium Biologie. Zoologie, Spektrum Akademischer Verlag GmbH, Heidelberg, Berlin.
- Peters, W., Walldorf, V. (1986): Der Regenwurm. Lumbricus terrestris L. Eine Praktikumsanleitung, Quelle & Meyer, Heidelberg, Wiesbaden.
- Schaller, F. (1962): Die Unterwelt des Tierreiches, Springer- Verlag OHG, Berlin, Göttingen, Heidelberg.
- Vetter, F. (2003): Regenwurm – Führer zur Ausstellung, Zentrum für angewandte Ökologie, Schattweid.

Internetquellen:

- http://de.wikipedia.org/wiki/Hauptseite, 12.01.08.
- http://www.angeln.de/praxis/gewusst-wie/wurmzucht/bericht.php, 12.01.08.
- http://www.nefkom.net/bremline/wurmzucht.htm, 12.01.08.
- http://www.gwa-online.de/www/html/pdf/brosch/wurmkiste-bs.pdf, 12.01.08.
- http://www.wurmkisten.de/, 12.01.08.
- http://www.bio-gaertner.de/Articles/II.Pflanzen-allgemeineHinweise/NuetzlicheTiere-Bakterien-Pilze/Regen-Kompostwurmer.html, 12.01.08.
- http://www.regenwurm.de
- http://www.regenwurm.ch/files/downloadfiles/DOWNLOADS/broschrw1.pdf, 12.01.08
- http://www.hypersoil.uni-muenster.de, 12.01.08.
- http://www.wissenschaft-online.de/abo/lexikon/neuro/662, 12.01.2008.

- http://de.encarta.msn.com/encyclopedia_761560164/Ringelw%C3%BCrmer.html, 12.01.2008.

10. Anhang: I. Handout

Der Regenwurm:

1. Stellung der Regenwürmer im Tierreich:

Systematische Kategorien	Deutsche Bezeichnung	Wissenschaftliche Bezeichnung
Stamm	Ringelwürmer	Annelida
Klasse	Gürtelwürmer	Clitellata
Ordnung	Wenigborster	Oligochaeta
Familie	Regenwürmer	Lumbricidae
Gattung und Art	Tauwurm	Lumbricus terrestris

Beispiele für einheimische Regenwürmer:

Kompostwurm	Eisenia foetida
Schleimwurm	Allolobophora rosea
Rotwurm	Lumbricus rubellus rubellus
Stubbenwurm	Dendrobaena octaedra
Grauwurm	Nicodrilus caliginosus caliginosus
Gartenwurm	Allolobophora chlorotica chlorotica
Tauwurm	Lumbricus terrestris
Bläulicher Regenwurm	Octolasion cyaneum

2. Körperbau:

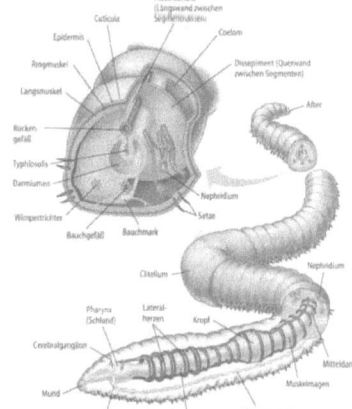

- Segmentierung
- Hautmuskelschlauch/Coelom
- Verdauung (v.a. Muskelmagen)
- Aussscheidung
- Blutgefäßsystem (geschlossen)
- Atmung (Hautatmung)

3. Sinnesorgane:

- **Licht:** Lichtsinneszellen an Vorder- und Hinterende
- **Tasten:** Tast- und Gravitätssinn
- **Druck:** Wahrnehmung von Bodenerschütterungen über Druck-sinn
- **Geschmack:** Sinnesknospen in der Mundhöhle

Campbell, N. A. / Reece J. B. (2006): Biologie. Pearson Studium, München. S. 784.

4. Lebensweise:

Ernährung: nachtaktiver Pflanzen- und Substratfresser
Fortbewegung: Kontraktion der Ringmuskeln -> Einsatz der Borsten -> Kontraktion der Längsmuskeln
Fortpflanzung: Im Februar bis August vermehren sich die Zwitter, indem sie ihre Spermien gegenseitig austauschen.
Überleben bei unterschiedlichen Umgebungstemperaturen: Starrezustand bei starker Trockenheit/Hitze und Kälte

5. **Feinde und Parasiten:**

Äußere:
- zahlreiche Vogelarten
- Amphibien
- Säugetiere

Innere:
- Bakterien
- Fliegenlarven
- Einzeller
- Band- und Fadenwürmer

6. **Gefährdung und Schutz:**

- Schadstoffeinträge
- Flächenversiedelung
- Einsatz von Dünge- und Pflanzenschutzmitteln
→ Schädigung der natürlichen Bodenfunktion/ Bodenfauna
→ Erosionsgefahr

7. **Bedeutung für die Bodenverbesserung:**

Funktion des Regenwurms:
- Zersetzer (Destruent) v. a. bei der Humusbildung

Physikalische Veränderungen:
- Bodendurchmischung, -lockerung, -durchmischung, -düngung

Erdeigenschaften bei Darmpassage:
- Korngröße wird verringert (höhere Minerallöslichkeit)
- Säureregulierung des Bodens (Kalkdrüsen)
- große Zunahme von zersetzenden Bakterien /Pilzen im Darm und Kot
- Düngung auch durch das Sterben des Regenwurms (Stickstoffverbindungen)

8. **Bedeutung für den Menschen:**

- Landwirtschaft /Gärtnerei
- Sportfischerei /Aquarienhaltung
- Speise bei Maori (Neuseeland)
- Altertumsforschung (Ausgrabungsstätte)
- Einsatz als Versuchstiere in der Forschung

9. **Das Märchen vom zerschnittenen Wurm:**

Hohes Regenerationsvermögen:
- Vorderende mit Clitellum ist überlebensfähig
- Hinterende regeneriert sich ebenfalls, aber mit zwei Aftern (führt zum Tod)

Selbstverstümmelung bei:
- zu starkem Parasitenbefall (Abschnürung des Hinterleibs)
- Bedrohung durch Feinde

10. **Beschaffung und Haltung:**

- absammeln
- Tierhandlung
- Angelbedarfsladen

- Wurmkiste/ Schaukasten

11. **Quellenangabe:**

- Birkenbeil, H. (1999): Schulgärten. Ulmer, Stuttgart.
- Campbell, N. A. / Reece J. B. (2006): Biologie. Pearson Studium, München.
- Füller, H. (1954): Regenwürmer. A. Ziemsen Verlag, Wittenberg Lutherstadt.

31

- Munk, K. (2002): Grundstudium Biologie. Zoologie. Spektrum Akademischer Verlag, Heidelberg – Berlin.
- Peters, W. / Walldorf V. (1986): Der Regenwurm. Lumbricus terrestris L. Eine Praktikumsanleitung. Quelle & Meyer, Heidelberg – Wiesbaden.
- Storch, V. / Welsch, U. (2002): Kükenthal. Zoologisches Praktikum. Spektrum Akademischer Verlag, Heidelberg – Berlin.

II. Schulexperimente mit Regenwürmern:

Gruppenarbeit 1:

Regenwurmbeobachtung

Material: Regenwürmer; Alufolie; Binokular

Durchführung: Lass den Regenwurm über die Alufolie kriechen und sei dabei ganz leise.

Aufgabenstellung:
a) Was bemerkst du, wenn der Regenwurm über die Alufolie kriecht? Beschreibe!
b) Streiche über den Körper des Wurms. Was spürst du?
c) Beschreibe die Fortbewegung des Regenwurmes. Nimm die Skizze zur Hilfe.
d) Findest du die Versuche sinnvoll? Wie würdest du sie im Unterricht durchführen?

Antworten:

Gruppenarbeit 2:

Sinnesorgane des Regenwurms

Material: Regenwurm; durchsichtiges Rohr mit ca. 1-2 cm Durchmesser; Papiermanschette; Taschenlampe; Holzstift;

Durchführung: Lege den Regenwurm in das Rohr und schiebe die Papphülle in die Mitte. Leuchte den Regenwurm von vorne mittels Taschenlampe an. Verschiebe die Manschette und wiederhole den Versuch. Sobald ein Stück des Regenwurmes aus der Beschattung heraustritt, wird er von der Seite her mit der Taschenlampe bestrahlt.

Aufgabenstellung: a) Kann ein Regenwurm auch ohne Augen sehen? Welchen Teil sucht der Regenwurm auf? Beobachte und beschreibe, wie sich der Regenwurm im Licht verhält.
                           b) Klatsche direkt neben dem Tier kräftig in die Hände! Was beobachtest du? Können Regenwürmer hören?
                           c) Berühre das Tier leicht mit einem Stift am Vorderende, in der Körpermitte und am Hinterende! Was beobachtest du?
                           d) Findest du die Versuche sinnvoll? Wie würdest du sie in der Schule durchführen?

Antworten:

Material: Regenwurm; Essig; Pinsel; Salz; Zucker

Durchführung: Tauche den Pinsel in Essig und bringe ihn in die Nähe verschiedener Körperabschnitte. Streue anschließend wenig Zucker vor den Wurm. Wiederhole den Versuch mit Salz.

Aufgabenstellung: a) Können Regenwürmer schmecken und riechen? Beobachte und beschreibe das Verhalten des Regenwurms.
                           b) Findest du den Versuch sinnvoll? Wie würdest du ihn in der Schule durchführen?

Antworten:

Gruppenarbeit 3:

Beschreibung der Langzeitversuche

Material: Regenwurmschaukasten; Regenwurmkiste;

Aufgabenstellung: a) Beurteile den Aufbau der beiden Modelle.
b) Welche Veränderungen erkennst du, wenn du den Anfangszustand
   auf dem Bild mit dem jetzigen Zustand vergleichst?
c) Überlege dir, wie und wozu der Regenwurm Röhren baut?
d) Welche Langzeitversuche findest du für den Unterricht sinnvoll?
e) Wie würdest du sie in der Schule durchführen?

Antworten: